La Ciudad Encantada. Hoces, salegas
y torcas de la provincia de Cuenca.
[Reprinted from the "Anales de la
Sociedad Española de Historia Natural."]

Federico de Botella y de hornos

La Ciudad Encantada. Hoces, salegas y torcas de la provincia de Cuenca.
[Reprinted from the "Anales de la Sociedad Española de Historia Natural."]
Botella y de hornos, Federico de
British Library, Historical Print Editions
British Library
1875
pp. 13. pl. V. ; 8$^{\underline{a}}$.
10160.f.1.

## he BiblioLife Network

## UIDE TO FOLD-OUTS, MAPS and OVERSIZED IMAGES

an online database, page images do not need to conform to the size restrictions found in a printed book. /hen converting these images back into a printed bound book, the page sizes are standardized in ways that aintain the detail of the original. For large images, such as fold-out maps, the original page image is split into /o or more pages.

uidelines used to determine the split of oversize pages:

Some images are split vertically; large images require vertical and horizontal splits.
For horizontal splits, the content is split left to right.
For vertical splits, the content is split from top to bottom.
For both vertical and horizontal splits, the image is processed from top left to bottom right.

# LA

# CIUDAD ENCANTADA

## HOCES, SALEGAS Y TORCAS

DE LA PROVINCIA DE CUENCA

POR

DON FEDERICO DE BOTELLA Y DE HORNOS

Ingeniero Jefe de minas de primera clase.

MADRID

IMPRENTA DE T. FORTANET

CALLE DE LA LIBERTAD, NÚM. 29

1875

# LA CIUDAD ENCANTADA.

# LA
# CIUDAD ENCANTADA

## HOCES, SALEGAS Y TORCAS

DE LA PROVINCIA DE CUENCA

POR

### DON FEDERICO DE BOTELLA Y DE HORNOS

Ingeniero Jefe de minas de primera clase.

*K*

MADRID

IMPRENTA DE T. FORTANET

CALLE DE LA LIBERTAD, NÚM. 29

1875

(ANALES DE LA SOCIEDAD ESPAÑOLA DE HISTORIA NATURAL. — TOMO IV.)

*Sesion del 7 de Abril de 1875.*

# LA CIUDAD ENCANTADA.

# HOCES, SALEGAS Y TORCAS

DE LA PROVINCIA DE CUENCA,

POR

DON FEDERICO DE BOTELLA Y DE HORNOS,

Ingeniero Jefe de minas de primera clase.

En los principios de la Serranía y punto donde confluyen Júcar y Huécar, hállase fuertemente asentada la ciudad de Cuenca, en paraje tan elegido y pintoresco, que al discurrir por sus enhiestas calles cada paso es recreo de la vista, y cada lienzo de derruido muro, memoria de pasadas grandezas.—Ceñida en parte todavía de sus murallas y torreones, asómase atrevida á los tajos verticales en cuyo fondo se deslizan ambos caudalosos rios, ora al descubierto, ora ocultos, corriendo siempre veloces á juntarse á sus piés.—A sus cumbres dominan otras cumbres, y el cerro de la Majestad al Norte, el del Socorro al Oriente, humillan con su altura las escalonadas casas, los grandiosos templos de la antigua corte de Alfonso IX, separadas del cerro que la sustenta por las llamadas *Hoces*, profundidades grandísimas que la circuyen y defienden, excepto por el Norte, por donde se enlaza sin discontinuidad con la Sierra.—Hoces denominábanse tambien aquellos profundísimos cortes cuyas extrañas formas nos habian ya sorprendido y embelesado en

Aller, Proaza, Ponga y Amiera, allá hácia el Norte, donde nuestra tierra acaba y el Cantábrico rompe sus olas.—Pero si las condiciones de aquellas profundas y angostísimas gargantas evidencian, segun D. Guillermo Schulz, el patriarca de nuestros geólogos, que fueron debidas á una ruptura, falla ó hendidura, originada de repente en las fajas calizas carboníferas al tiempo de elevarse la cordillera cantábrica y dislocarse violentamente los terrenos paleozóicos que la constituyen, no sucede otro tanto con las Hoces de la Serranía de Cuenca, que representan á su vez la pacientísima labor en manos del tiempo de humilde gota de agua.—Por cierto es curioso el trabajo, tan señaladas son sus diversas fases y tan insensibles las gradaciones que marcan los tránsitos de uno á otro de sus variados y singularísimos aspectos, que bien merecen señalarse al estudio del observador, y que ocupe yo ahora algunos momentos la atencion de nuestros dignos consocios.

Dejada la ciudad de Cuenca y caminando hácia arriba por el cauce del Huécar, las pintorescas Hoces van perdiendo paulatinamente su grandiosa elevacion; el valle se abre y se ensancha; los peñones, tan fantásticamente recortados, se achican, desaparecen luégo, y á un cuarto de legua del pueblecillo de Palomares, á 1.059 metros por cima del nivel del mar y unos 186 metros más alto que el Puente nuevo de Cuenca, pero casi al nivel de su catedral, atraviesa pequeña meseta, ligeramente inclinada hácia el Oeste. — Aquí, recortado el terreno en muchísimos sentidos por la accion de las aguas que en cada tormenta bajan de las vecinas lomas, sustitúyense á las pasadas angosturas multitud de regueros y quebraditas en torno del eje del rio, cuyo cauce calizo labran paulatinamente, dejando mil promontorios que adelantan hácia el centro, mil ensenadas que accidentan sus bordes y que en reducido espacio ostentan á la vista

acabado modelo de un magnífico valle de erosion; y es de modo
que, en poco ménos de dos leguas, el fenómeno se muestra por
entero; pues tal sube el valle, que es insensible el paso desde
los angostos cortes de más de 200 metros de elevacion que pre-
sentaban los alrededores de Cuenca, hasta los surcos apenas
marcados que señalan sus orígenes..

No ménos clara aparece la segunda parte del fenómeno que
nos ocupa, y para comprobarlo apartándose del valle del Huécar,
pero sin abandonar el terreno cretáceo, basta dirigirse por cima
de Val de Cabras hácia la parte superior del macizo que veni-
mos considerando; ya allí, en el sitio llamado las *Salegas*, así
como cerca del nacimiento del rio ántes nombrado, asistíamos
al principio del valle de denudacion; aquí, penetrando en el
mismo laboratorio de la naturaleza, podemos seguir paso á paso
el trabajo de descomposicion, que luégo ha de tomar tan sober-
bias proporciones. Pequeñas hendiduras surcan de trecho en
trecho la mesa cretácea; primero es una grieta de mínimas proporciones, que serpentea sobre el suelo; el agua, á la que debe
su primera labra, se engolfa en su seno, desgasta las partes más
blandas, la ensancha y la une luégo con otro surco semejante, á
corta distancia abierto. Los puntos más duros resistiendo, que-
dan unos salientes contorneados, que forman mesas, pórticos y
pilares; pero como cada nube que cae divide sus aguas en infinitas
pequeñas corrientes, las simas se ahondan, las paredes se aplo-
man, sus frentes ó se quiebran ó taladrados se abren en pequeños
túneles. El fenómeno ha comenzado, y ha de seguir sin tregua;
dejemos que el tiempo corra; que pasen edades cien, y él se
ostentará con toda su grandeza. Sin embargo, tampoco es aquí
precisa tanta espera; y para desvanecer toda duda, para asistir
á estos efectos por gradaciones insensibles, bastante es con ade-
lantar algunos pasos. En cortos momentos los siglos han tras-

currido; ayudadas las aguas por las arenas que acarrean, se ha unido á la descomposicion química el desgaste mecánico, efecto del roce; los pequeños regueros han ido penetrando en el terreno; unidos unos á otros le surcan y cruzan en mil sentidos; los túneles se han trasformado en puentes, puertas y ventanas; las hendiduras en calles; los remansos en plazas: aquí se dibuja un arco ojival; más léjos la elegante curva árabe; más allá el menhir de los druidas, ó el dólmen del sacrificio; llegamos, por fin, á la *Ciudad encantada;* exactísimo nombre, por cierto, pues ante ella la sorpresa aumenta; y duda el alma conmovida si es que camina despierta, ó si los prodigios que la rodean son visiones de acalorada fantasía.

Con razon dice, al considerarla cierto escritor contemporáneo (1): «Remedos de paredes, de manzanas, de edificios con semejanza de puertas y ventanas, con otros lienzos paralelos que forman espaciosas calles, que destacan en otras trasversales, y en espacios que parecen plazas y placetas; numerosas puertas de rocas que figuran vestigios de columnas, templos y palacios de arquitectura ciclópica; arcos magníficos y puentes atrevidos; aljibes espaciosos y cavidades que recuerdan las habitaciones trogloditicas, y destacándose por doquiera en los riscos figuras caprichosas, como cabezas de moros con turbante, palomas, mesas y veladores, con sus piés perfectamente imitados, con otras mil y mil curiosidades, dejan absorto al viajero que contempla aquel juguete que formó la naturaleza en un momento de travesura y de magnificencia.»

Y esto que pareceria exageracion, es, sin embargo, verdadero;

---

(1) *Historia de la ciudad de Cuenca y del territorio de su provincia y obispado,* por D. Trifon Muñoz y Soliva.

pero no es ni juego ni travesura de la naturaleza: el fenómeno para el geólogo, es quizás todavía más maravilloso que para el poeta; es el producto sencillo, razonado y lógico de uno de los procedimientos más comunes: es la influencia y el trabajo de unas gotas de agua y de algunos granos de arena multiplicados por la continuacion de los siglos, y realizado en tan grande escala, que la *Ciudad encantada* ocupa por sí sola un espacio difícil de recorrer en largo dia de verano, y forman tan enmarañado laberinto aquellas intrincadas encrucijadas, cuyos murallones se levantan por doquier á 40 metros, que, cuando visitamos este sitio, que como todos aquellos contornos pertenece al marqués de Ariza, á pesar de llevar por guía á su guardamayor, acostumbrado á recorrerlos diariamente, tardamos más de dos horas en encontrar la salida.

Tal es aquí el orígen de las afamadas Hoces de Cuenca; si diverso de las de Astúrias, descritas por D. Guillermo Schulz, repetido muchas veces y en semejante escala, en varios otros puntos de nuestra Península.

Otro fenómeno, peculiar tambien en esta provincia de Cuenca, de la formacion cretácea, es igualmente digno de estudio, por ser asimismo debido á la accion del agua, si bien con resultados enteramente distintos.

A legua y media de Reyllo, y camino de los Oteros, preséntanse sobre la mesa cretácea que se va atravesando, unos enormes hundimientos enteramente circulares, diseminados á corta distancia unos de otros, en un espacio de un cuarto de legua en cuadro. Conócense en el país con el nombre de *Torcas;* suelen tener, por lo comun, una pequeña laguna en su fondo, midiendo alguno de los más comunes 200 metros de diámetro en su parte superior, por largos 120 metros en la inferior y una profundidad de 30 metros, presentándose generalmente cortado á pico el

borde superior, de suerte que los más son completamente im-
practicables. Las pendientes de estos inmensos circos hasta el
mismo nivel de las lagunas, se hallan cubiertas de la más lozana
vegetacion; verdaderos bosques de pinos, llevan sus copas á
enrasar con la superficie del terreno, y las lagunas internas que
ocupan el fondo, son de escasa profundidad, á juzgar por el
oscuro tinte de sus aguas. Digno es seguramente este fenómeno
de fijar la atencion, y de ocupar más momentos que los que me
permitia la rapidez del reconocimiento preliminar que estaba
practicando. He de intentar, sin embargo, explicarlo cual lo
concibo, sin pretender sean estas explicaciones mias las solas
posibles, ni quizás las verdaderas. Fijando bien las ideas y re-
duciendo la descripcion de las *Torcas* á sus más esenciales elementos, tenemos, que ocupando limitado espacio de una mesa
cretácea sensiblemente horizontal, ábrense de trecho en trecho
numerosos circos en forma de verdaderos embudos, cuya parte
superior se halla cortada verticalmente sobre una altura de
unos 9 metros, bajando luégo en rápido escarpe hasta su fondo,
ya desecado por completo, ya ocupado todavía por la laguna
central. La presencia de esta capa de agua ó de sus señales evi-
dentes, me induce á creer que todo el fenómeno es originado
de una série de surtidores naturales, escalonados probable-
mente segun unas fallas del terreno. Solicitadas aquí las aguas
por mayor presion, y ayudadas quizás por mezcla de emana-
ciones gaseosas, á la manéra de lo que acontece en los *Geysers*,
aprovecharon cualquier canal ú orificio de salida, y fueron so-
cavando, por el doble efecto del choque y de la disolucion, la
capa superior de la mesa que consideramos, abriendo una cavi-
dad abovedada, de contínuo engrandecida. Y como en virtud
de la gravedad, los elementos desmoronados iban desapareciendo á la vez por el conducto interno que servia de canal á

los surtidores, la parte superior fué quedando en hueco, permaneciendo de tal manera hasta que, creciendo sus dimensiones, hubo de carecer del necesario apoyo. De aquí el ocurrir primero una grieta circular, y luégo un desmoronamiento total, cuyos fragmentos vinieron á formar en parte las rápidas laderas, quedando hácia arriba el acantilado señalado y en el centro al nivel inferior, á veces, profunda laguna, ya tranquila por causa de mayor facilidad en el desprendimiento de los gases, ó por disminucion de la presion que experimentaba, ya desapareciendo las aguas en totalidad por haberse cegado los conductos de salida, ó por encontrar otros canales más expeditos.

En cierto modo en las Torcas de Cuenca debieron obrar causas análogas en su esencia á las de los manantiales petrogénicos que depositan varias sustancias en las cavidades del globo y que han dado lugar, entre otros, á los minerales de hierro depositados en varias comarcas por bajo de la oolita inferior; si aquí los efectos han sido distintos produciendo desmoronamientos en vez de cavidades rellenadas, consiste en la pureza relativa de las aguas, y en que el corto espesor de las capas cretáceas que existian por cima, opuso débil resistencia á la causa dinámica y disolvente que las venía solicitando por medio de la série de los citados surtidores.

Tal es la manera con que me explico, separándome algun tanto de la opinion de M. Fournet sobre los valles por socavacion, el curiosísimo fenómeno de las *Torcas*, fenómeno que espero ha de merecer más detenido exámen, tanto para determinar la direccion de las indicadas fallas, como su época y edad probables, no sólo en la region que aquí señalo, sino en otras donde pudiera aparecer en nuestra Península.

# EXPLICACION DE LAS LAMINAS.

### LÁMINA I.

Cróquis topográfico del valle de erosion que se presenta desde el nacimiento del Huécar á la aldea de Palomera.

### LÁMINA II.

Fig. 1-3. — Vista en plano y cortes del terreno de las Salegas, mostrando las grietas, simas y pozos labrados por las aguas, y los conductos subterráneos por donde corren y que engrandecen paulatinamente.

### LÁMINA III.

Fig. 1-9. — Mogotes de las más diversas formas dibujadas en el camino de Cuenca al nacimiento del Huécar; el de la fig. 7 se conoce con el nombre del *Fraile de Pinilla*, y se halla en la senda que desde Saelices va á las ruinas de Cabeza de Griego; el pórtico natural representado en la fig. 5 se encuentra en el Escaleron de Uña, trocha pintoresca en extremo que va desde las fuentes de Uña á la mesa que las domina; cada escalon se halla resguardado por un pequeño tronco de árbol, y en el sitio que represento han colocado una barandilla de igual naturaleza para evitar el despeñe de las caballerías.

LÁMINA IV.

Puente monolítico natural en la Ciudad Encantada.

LÁMINA V.

Rocas fantásticamente recortadas en las afueras del mismo sitio.

Estas dos últimas vistas fueron sacadas en fotografía por mi amigo el presbítero D. Rufino Sanchez, ilustrado director del Seminario de Cuenca, que tuvo la amabilidad de acompañarme para examinar el curiosísimo fenómeno objeto en parte de la presente nota.

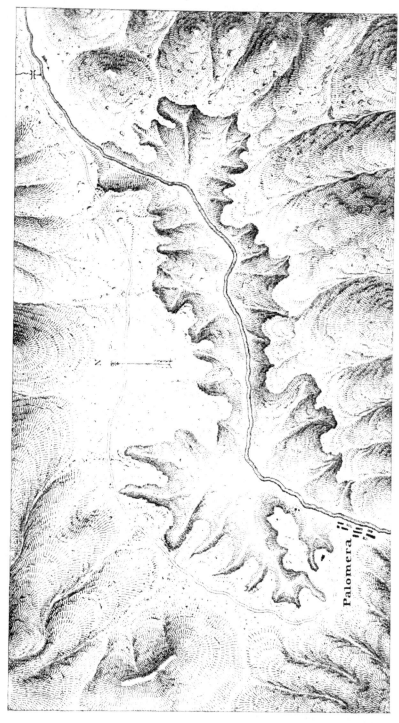

Palomera

*F. de Botella.* CIUDAD ENCANTADA. *Lám. IV.*

Fotª de D. Rufino Lopez — Teo Ruffle litº — Lit. Donon Madrid

CIUDAD ENCANTADA

Fot.ª de D. Rufino López

Teo Rau?le lit?

Lit Donon Madrid

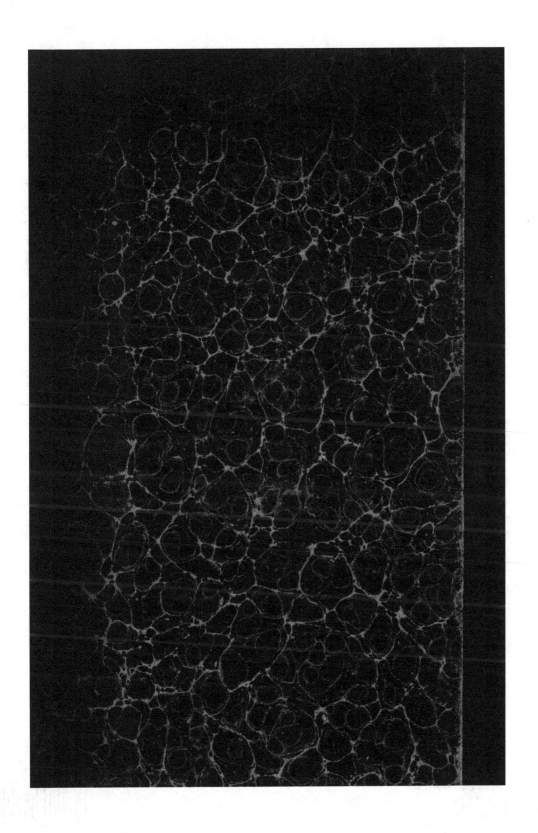

CPSIA information can be obtained
at www.ICGtesting.com
Printed in the USA
BVHW010447090620
581083BV00014B/788